Cómo evaluar una tesis

DR. JOSÉ SUPO

Médico Bioestadístico

www.bioestadistico.com

Cómo evaluar una tesis – Criterios científicos para evaluar una tesis

Primera edición: Enero del 2014

Editado e Impreso por BIOESTADISTICO EIRL
Av. Los Alpes 818. Jorge Chávez, Paucarpata, Arequipa, Perú.

Hecho el depósito legal en la Biblioteca Nacional del Perú.

N ° 2014-00201

ISBN: 1494301180
ISBN-13: 978-1494301187

DEDICATORIA

A los investigadores, que aportan al conocimiento y a la construcción del método investigativo...

A los que pretenden con la ciencia mejorar el mundo.

CONTENIDO

Primer criterio

El enunciado del estudio

Sin un buen enunciado no hay un buen desarrollo del trabajo de investigación. No hay que confundir enunciado del estudio con el término de formulación del problema, porque no todos los estudios representan un problema; la finalidad de un estudio no es resolver problemas.

Existe un concepto más amplio denominado línea de investigación, este sí tiene como objetivo resolver problemas. Las líneas de investigación se inician en el descubrimiento del problema y terminan en el planteamiento de su solución.

Un estudio es un punto de investigación y su finalidad es contribuir a su propia línea de investigación, de tal modo que el enunciado del estudio no necesariamente refleja el estudio de un problema, los problemas son estudiados y solucionados por una línea de investigación. Un trabajo de investigación un punto dentro de esta línea o recorrido que denominamos línea de investigación.

Los elementos que debemos evaluar al interior del enunciado del estudio son cinco: el propósito, las variables, las unidades de estudio, el lugar y el tiempo.

El propósito del estudio es conocido también como especificidad y puede reflejar el diseño del estudio, el nivel de la investigación, el objetivo estadístico, la prueba estadística, la técnica estadística e incluso el propósito mismo.

Veamos algunos ejemplos:

—El término "prevalencia" hace alusión al diseño del estudio, puede ir en el enunciado: Prevalencia de diabetes en la ciudad de Arequipa.

—El término "aplicación" hace alusión al nivel investigativo, al nivel aplicativo; el enunciado podría ser como el siguiente: Aplicación de un programa educativo para incrementar el nivel de conocimientos sobre su enfermedad en un grupo de pacientes.

—También podríamos utilizar el objetivo estadístico: comparar el valor de la hemoglobina en mujeres gestantes y no gestantes.

—La mprueba estadística puede ir en el propósito de estudio: correlación entre los niveles de la hemoglobina de la madre con el peso de su recién nacido, la correlación es claramente el procedimiento estadístico que tenemos que ejecutar.

—Asimismo podemos utilizar la técnica estadística: análisis de supervivencia de un grupo de pacientes con cáncer tratados con radioterapia.

—O podemos enunciar el propósito mismo: factores de riesgo para la hipertensión. Factores de riesgo no hace alusión ni al diseño, ni al nivel, ni al objetivo estadístico, ni a la prueba estadística, ni a la técnica estadística que debemos utilizar, es en sí un propósito mismo y debe reflejar la intencionalidad del investigador, conocido también como especificidad, porque luego se tiene que traducir como objetivo específico, como el único objetivo inferenciable.

A partir del propósito se debe poder deducir la hipótesis de la investigación, si es que esta lo requiere. La presencia del propósito es importante porque ayuda a enfocar al investigador, y responde a la pregunta ¿Qué quieres investigar? ¿Qué deseas saber? ¿Qué es lo que quieres hacer? Las posibles respuestas son:

Quiero conocer la prevalencia. Quiero conocer el efecto de la intervención. Quiero saber si hay diferencias entre los dos grupos. Quiero saber si hay correlación entre estas dos variables. Quiero conocer el tiempo de vida media de un grupo de pacientes con cáncer y con un determinado tratamiento, o quiero conocer los factores de riesgo para una determinada enfermedad. Todas estas respuestas son propósitos.

Solamente si hay un propósito habrá un enfoque y un verdadero método que nos ayudará a conducirnos por este camino.

Casi ningún estudiante o tesista falla en esta parte. El error más frecuente está en que no describen el propósito, olvidan colocar el término, la frase que describa su propósito, porque cuando sí lo colocan, casi siempre aciertan.

Otra característica que debemos buscar en el enunciado son las variables, pero no me refiero a todas las características que se puedan evaluar en las unidades de estudio, sino a las variables analíticas. Si tenemos dos variables: una independiente y otra dependiente desde el punto de vista analítico, en el interior de la variable independiente podemos encontrar varias características y lo mismo podría ocurrir en la variable dependiente.

En el estudio de los factores de riesgo para una determinada enfermedad, en el grupo de los factores hay varias características y no solamente una. En otros casos también podríamos encontrar varias características en el grupo de la variable dependiente; por ejemplo, en los casos en los que se produce más de un efecto luego de la intervención.

Cuando suministramos un medicamento encontramos el efecto deseado, pero también efectos adversos y, entonces, tendremos que incluir ambas condiciones para el análisis estadístico. Pero en el enunciado no tienen que aparecer todas estas características, sino simplemente variables analíticas que representan el conjunto de características que se pueden englobar en la variable dependiente o en la variable independiente.

También es imprescindible que aparezcan las unidades de estudio, ¿sobre quién se van a realizar las mediciones? Teniendo en cuenta que en todo trabajo de investigación debe haber solamente una unidad de estudio caracterizada como tal, y todas las mediciones, todas las variables, deben ser posibles de observar en esta unidad de estudio, y ya finalmente también se debe consignar en el enunciado el lugar y el tiempo.

Diferenciando, por supuesto, que el lugar y el tiempo en los estudios descriptivos y también en la investigación cualitativa nos ayuda a enmarcar a la población, mientras que en los estudios analíticos el lugar y el tiempo solo nos identifican el ámbito de recolección de datos, pero es muy útil para la construcción de un marco muestral en el caso de que se requiera realizar el procedimiento de muestreo.

Algunos investigadores piensan que el lugar y el tiempo no son necesarios en el enunciado cuando se trata de estudios analíticos, pero es muy importante porque identifican y enmarcan el grupo poblacional del cual vamos a obtener nuestras unidades muestrales en el caso de que esto sea necesario. Por esta razón, deben estar explícitamente escritos en el enunciado, ya sea el estudio de cualquier nivel investigativo deben estar presentes, el propósito, las variables, las unidades de estudio, el lugar y el tiempo.

Segundo criterio

La taxonomía de la investigación

Después de asegurarnos de que el tesista ha redactado adecuadamente el enunciado de su investigación y podemos encontrar los cinco elementos que lo conforman, el siguiente paso es verificar si se ha hecho adecuadamente la clasificación del estudio en los términos de tipos de investigación y niveles de investigación, idealmente también el diseño de la investigación. Teniendo en cuenta que existen múltiples formas de clasificar a la investigación, hay que recordar que solamente cuatro de ellas son operativas; estas clasificaciones son exhaustivas y excluyentes, quiere decir que un estudio no puede situarse en ambas categorías de alguna de estas clasificaciones, ni tampoco hay un estudio que no pueda ubicarse en alguna de estas dos.

Por ejemplo, **según la intervención del investigador,** los estudios son con intervención, y se llaman experimentales, o sin intervención, llamados observacionales. El tesista tendrá que decirnos en forma expresa si el estudio que está realizando es experimental u observacional teniendo en cuenta si existe o no intervención por parte suya. No hay opción a algún tipo de estudio que no esté en alguna de estas dos categorías, ni tampoco hay estudio que se pueda ubicar en ambas al mismo tiempo.

El segundo criterio para la clasificación de los estudios es **según la planificación de la medición.** Hay estudios con datos planificados y se llaman prospectivos, y hay estudios donde las mediciones no fueron planificadas por el investigador, y se llaman retrospectivos. No existe estudio que no esté dentro de estas dos categorías, tampoco hay un estudio que pueda ser clasificado en los dos grupos al mismo tiempo.

No existe el estudio ambipectivo o bidireccional como bizarramente se ha escrito en algunos textos. La planificación de las mediciones se evalúa sobre la variable de estudio, y solo hay una variable de estudio en el trabajo de investigación. Las mediciones de esta variable han sido planificadas por el investigador y medidas por él, o los datos se han tomado de registros que ya han sido previamente elaborados y el investigador no tuvo participación.

No hay forma de que el estudio pueda tomar ambas consideraciones, ni tampoco hay un estudio que se pueda hacer de otra manera. No existe un estudio que no sea retrospectivo o prospectivo, tendrá que ser alguno de los dos. Esta clasificación no tiene nada que ver con el tiempo, por lo tanto nada interesa si el estudio se ubica en algún lugar determinado del tiempo.

También el tesista deberá decir **si su estudio es transversal o longitudinal.** Es transversal si el número de mediciones que se hace sobre la variable de estudio es una y es longitudinal si se hace dos o más mediciones. Si el estudio es transversal igual puede ser prospectivo o retrospectivo porque la clasificación no guarda relación con el tiempo, los estudios prospectivos son realizados con mediciones planeadas por el investigador y los retrospectivos son realizados con mediciones realizadas por otra persona ajena a la presencia del investigador.

El cuarto criterio es **el número de variables analíticas**. El tesista deberá decir si su estudio es descriptivo o analítico; descriptivo si tiene solamente una variable analítica o analítico si tiene más de una variable analítica.

Con estas características ya podemos mencionar el nivel de la investigación, deberá estar escrito explícitamente en cuál de los **seis niveles de la investigación** se encuentra el trabajo que está realizando. Son estudios exploratorios los que no tienen análisis estadísticos, son memorias, anécdotas, informes, que por contar con un método se consideran investigación científica. Son estudios descriptivos los que tienen solamente una variable de interés y en el enunciado aparece esta única variable, como solamente tiene una, la única variable de interés es la variable de estudio porque la variable de estudio siempre debe aparecer en el enunciado.

Son estudios de nivel relacional los bivariados pero que no apuntan a demostrar la relación causa efecto, en el enunciado aparecen las dos variables analíticas, no me refiero a todas las características de las unidades de estudio, sino a los grupos de variables teniendo en cuenta que en el grupo de las variables independientes puede haber varias características, pero en conjunto se consideran solamente como una y en el grupo de las variables dependientes puede haber varias características aunque habitualmente trabajemos solamente con una.

En el clásico esquema del estudio de los factores de riesgo, "factores" resume un conjunto de características observables en las unidades de estudio. Factores de riesgo para la diabetes es uno de los títulos o enunciados que observamos con más frecuencia. La segunda variable es la diabetes y es única en este caso, pero en el grupo de los factores podemos encontrar un conjunto de características que en términos analíticos representan a una sola variable; por eso el enunciado "factores de riesgo para la diabetes" es bivariado y en él aparecen únicamente dos variables, el de los factores y el de la diabetes.

Son estudios explicativos los que pretenden demostrar relaciones de causalidad, esto se refleja en el enunciado del estudio con el término "influencia". La influencia tiene una connotación direccional; por ejemplo, en el enunciado Influencia del clima organizacional sobre la percepción de la calidad que tienen los pacientes. La variable "a" influye en "b", eso es una relación direccional que no se plantea en los estudios relacionales, entonces, se trata de un estudio explicativo porque hay una intención de demostrar relación de causalidad. En esos casos el estudio tendrá que ser catalogado como explicativo.

Son predictivos los estudios que pretenden estimar la probabilidad de ocurrencia de un evento o el tiempo medio en que ocurre una determinada situación. El número de días promedio que estará hospitalizado un paciente por una determinada condición o el tiempo de vida media que le toca a un paciente con cáncer con un determinado tratamiento son ejemplos de estudios predictivos y tendrán que ser ubicados dentro de esta casilla para los casos en que esa es la intención del investigador.

Los estudios aplicativos son estudios de intervención para modificar la realidad de la población, como aplicación de un programa educativo para modificar el nivel de conocimientos de los pacientes sobre su propia patología. Es importante que el tesista identifique en cuál de estos niveles se encuentra su trabajo de investigación porque el método que se aplica en cada uno de ellos es totalmente distinto no solo desde el punto de vista metodológico sino también de la analítica o del análisis estadístico que debemos aplicar en ellos.

Ahora sería mucho más fino que el tesista pueda identificar **el diseño de la investigación**, son diseños de investigación epidemiológicos, por ejemplo, el estudio de prevalencia, el de incidencia, el de los casos y controles, el de cohortes, el ensayo clínico controlado, el ensayo de población, y mencionar solamente el nombre del diseño implica reconocer una serie de características que su estudio trae consigo, pero es posible que el diseño de la investigación del tesista no corresponda exactamente a uno de estos diseños que previamente han sido elaborados.

En ese caso no es necesario mencionar un nombre propio sino simplemente citar la taxonomía de la investigación a la cual corresponde el trabajo que se está evaluando. Son diseños experimentales no solamente preexperimentos, cuasiexperimentos y experimentos verdaderos, sino todos los diseños experimentales desde el punto de vista analítico, como el diseño cuadrado latino, el diseño en bloques completamente aleatorio o el diseño factorial, etc., basta con mencionar el procedimiento que se está aplicando. Son diseños comunitarios los exploratorios, las comparaciones de poblaciones o las series temporales, porque son estudios de poblaciones y se reconoce que la unidad de estudio es el grupo o la comunidad y, por supuesto, pertenecen a la validación de instrumentos todos los procesos que nos permitan construir, evaluar y optimizar los instrumentos que construimos para evaluar variables subjetivas, en este caso el diseño deberá decir validación de instrumentos.

Tercer criterio

La operacionalización de variables

Este es el punto de equilibrio del método de investigativo y el análisis de la información. Hay que tener en cuenta que cuando realizamos investigación cuantitativa tenemos que integrar de una manera armónica la metodología y todas las estrategias que apuntan a lograr conclusiones validas apoyadas en el análisis estadístico.

Por eso la integración de todas estas herramientas se realiza en el cuadro de operacionalización de variables. Este cuadro debe tener por lo menos cuatro columnas y debe corresponder a las variables, los indicadores, los valores finales y las escalas de medición.

Los valores finales, la tercera columna del cuadro, corresponden a las categorías, si se trata de variables categóricas, o a las unidades, si trabajamos con variables numéricas. Por eso, decir valor final de una variable, categoría o unidad es, en términos simples, lo mismo.

Por otro lado, en el cuadro de operacionalización de variables debe poderse identificar el número de variables analíticas. Por ejemplo, si se trata de un estudio descriptivo, bastará con que lleve el título de "variables", porque la analítica que se va a realizar es univariada, no se van a realizar cruces entre variables, no buscamos la relación entre dos o más de ellas. Por lo tanto, bastará con que hagamos un listado de las características que buscamos identificar en las unidades de estudio, dentro de ellas, por supuesto, se encontrará la variable de estudio.

Si estamos realizando un estudio de prevalencia de diabetes en la ciudad de Arequipa, la variable de estudio es la diabetes, pero además deberemos incluir un conjunto de características a las que denominamos variables de caracterización, como la edad, el sexo, el peso, los hábitos alimenticios, la actividad física, pero que en ningún caso se pueden considerar variables independientes porque se trata de un estudio descriptivo. El nombre más adecuado para estas características es "variables de caracterización", y no se busca relacionar estas condiciones con la variable de estudio.

Si estamos realizando un estudio relacional, entonces, en el cuadro de operacionalización de variables debe haber dos grupos, porque se trata de estadística bivariada. El nivel relacional se caracteriza por involucrar dos grupos de variables; desde el punto de vista del número de variables de interés tiene dos variables analíticas.

Se pueden identificar a estas dos variables como variable independiente y variable dependiente, esto debe estar claramente expresado en el cuadro de operacionalización de variables construyendo grupos por separado para la variable independiente y para la variable dependiente.

En el grupo de la variable independiente puede haber una o más características, como cuando estudiamos los factores de riesgo para una determinada enfermedad, podemos involucrar la edad, el sexo, la ocupación, el tipo de dieta, la actividad física, si queremos identificar estas características como factores de riesgo para la diabetes.

En el grupo de la variable dependiente irá la variable única "diabetes". Pero no siempre la variable dependiente es única, en ocasiones podría tratarse de más de una característica como cuando hacemos intervención sobre las unidades de estudio llamadas también unidades experimentales.

Si suministramos un determinado medicamento a un grupo de pacientes, además del efecto que deseamos encontrar, del efecto deseado, también se provocará una reacción adversa, un efecto paralelo, quiere decir que la variable dependiente en este caso estaría conformada por dos características, a esto se le denomina multivariante y es propio de los diseños experimentales. Aunque estamos acostumbrados a tratar únicamente con una variable dependiente, es posible que en algunos casos nos encontremos con que hay más de una característica en este grupo de las variables dependientes.

Si el estudio que estamos planteando es relacional, bastará con identificar dos grupos en el cuadro de operacionalización de variables, pero si el estudio es explicativo, entonces, podríamos encontrar un grupo adicional, el grupo de las variables intervinientes.

Recordemos que en la relación causa - efecto entre dos variables existen una serie de condiciones que pueden modificar esta relación ya sea antagonizándola, potenciándola o anulándola. La forma de intervenir de estas variables que no son ni la independiente ni la dependiente es de forma muy variada y, por ello, reciben también distintos nombres.

Las variables de confusión son las que influyen tanto en la variable independiente como en la variable dependiente. La variable intermedia es aquella que se genera a partir de la variable independiente y, por supuesto, tiene un efecto sobre la variable dependiente. También tenemos a la variable control, que influye sobre la variable dependiente pero que no tiene ninguna relación conocida con la variable independiente.

Cualquiera que fuera la variable interviniente sobre este esquema de la relación causa-efecto tiene que ser controlada desde el punto de vista metodológico y estadístico; por esta razón, se debe consignar la información correspondiente a estas variables intervinientes y en el cuadro de operacionalización de variables aparecen como un grupo adicional, como variables intervinientes. El manejo estadístico que deberemos darles más adelante dependerá de su naturaleza, de los objetivos, del diseño y de todas las características que acompañan al método que tendremos que seguir elaborando a lo largo de los siguientes procedimientos.

En el cuadro de operacionalización de variables no se identifican si las variables son objetivas o subjetivas, pero habitualmente cuando se trata de una variable subjetiva en la columna del indicador tenemos que colocar el instrumento con el que planeamos medir a nuestra variable subjetiva llamada también constructo,

También es posible que hagamos una diferenciación entre las variables unidimensionales y multidimensionales. Las variables unidimensionales (como el peso) tienen como indicador a la propia variable (al propio peso). Al indicador, otros le dicen indicador directo. En todos los casos se coincide que la variable es unidimensional porque al decir que tiene un solo indicador y que la misma variable es su propio indicador, se le está reconociendo a la variable como de una sola dimensión; por lo tanto, en la columna del indicador se colocará a la misma variable.

Si se trata de una variable multidimensional, en la columna de indicadores tendrán que ir todos los elementos que permiten calcular el valor final de la variable de interés. Si la variable a analizar es el índice de masa corporal, los elementos que necesito para hacer este cálculo son el peso y la talla, y estos tendrán que conformar los indicadores para la variable "índice de masa corporal", que tendrá que ser calculada a partir de estas dos condiciones, porque se trata de una variable objetiva.

Las variables subjetivas requieren un instrumento documental para su evaluación. Se tendrán que colocar las dimensiones del instrumento, además del nombre propio del instrumento que vamos a utilizar para la medición de esta variable subjetiva.

Si se trata de una variable unidimensional como la evaluación del dolor, podemos utilizar la escala visual análoga, y este es su indicador que evalúa la única dimensión de esta variable denominada "intensidad del dolor". Pero si estamos evaluando una variable multidimensional, tendríamos que colocar en la columna de indicadores no solamente el nombre del instrumento sino también las dimensiones, porque estas corresponden a los indicadores con los que vamos a evaluar a esta variable subjetiva.

Cuarto criterio

Los objetivos de la investigación

Hemos de comenzar diciendo que la investigación tiene solamente un objetivo inferencial y se le denomina objetivo específico, porque se corresponde con la especificidad del estudio, con el punto exacto de lo que queremos saber, con la zona medular de lo que deseamos conocer, con el propósito de la investigación.

Recuerda que cuando se enuncia un trabajo de investigación, cuando planteamos el enunciado del trabajo, colocamos el propósito del estudio y este puede corresponder al nivel investigativo, al diseño de la investigación, al objetivo estadístico, a la técnica estadística, etc. Existen varias formas de expresar el propósito de la investigación, en este punto corresponde traducir el propósito general de la investigación porque sobre este es que se va a construir el método en términos de objetivos estadísticos, porque estamos realizando investigación cuantitativa.

Todo trabajo de investigación tiene solamente un objetivo inferencial y este se corresponde con el propósito de la investigación. Es a partir del propósito que podemos deducir el objetivo estadístico de la investigación, pero en un sentido mucho más puntual y más estricto; por ejemplo, si el propósito de la investigación es encontrar los factores de riesgo para la diabetes, entonces, tengo que elegir un diseño de investigación, este diseño puede ser el diseño de los casos y controles, pero también puede ser el diseño de Cohortes, ambos diseños son diseños comparativos porque el objetivo en ambos casos es comparar ya sea el grupo de los casos versus el grupo de los controles o, en otro caso, el grupo de los expuestos versus el grupo de los no expuestos, en el diseño de cohortes.

Existe más de una forma de alcanzar el propósito de la investigación, de hecho, se podrían utilizar distintos diseños para alcanzar el mismo propósito y se podrían plantear también diferentes objetivos estadísticos para poder llegar a la misma conclusión, se trata solamente de una estrategia metodológica y, por supuesto, que se complementa con el análisis estadístico que se corresponde con el objetivo planteado.

Vamos a poner un ejemplo más claro para llegar a la conclusión racional de que todo trabajo de investigación tiene solamente un objetivo inferencial. Vamos a suponer que estamos analizando los factores de riesgo para la enfermedad de la diabetes. Si utilizamos el diseño de los casos y controles, iremos en búsqueda de 100 personas con el diagnóstico de diabetes y los compararemos con 100 personas más que no tenga este diagnóstico, los llamados controles, y vamos a estudiar todas las características que pudieron influenciar en el desarrollo de esta enfermedad; por ejemplo, el estado nutricional, la actividad física, el consumo de alcohol, etc.

Todas estas características las vamos a buscar en el grupo de los casos y también las vamos a buscar en el grupo de los controles; por eso, dos objetivos auxiliares que podemos plantear son, primero, describir las características de los pacientes diabéticos, y segundo, describir las características de los pacientes no diabéticos.

Naturalmente este tercer objetivo corresponde al objetivo estadístico, al objetivo inferencial, al único objetivo que me permite hacer inferencias estadísticas sobre la población, porque el primero, aquel que pretende describir las características sobre los pacientes diabéticos no es inferencial, porque no se ha hecho un cálculo del tamaño de la muestra para describir a los pacientes diabéticos.

Cien pacientes diabéticos no son representativos de la población afectada por esta enfermedad, por supuesto, en los controles ocurriría algo similar. No porque encontremos que diez personas de las cien consumen alcohol diríamos que la prevalencia de consumo de alcohol es de 10%, porque no se ha hecho una construcción adecuada del método para completar este objetivo estadístico, el de la prevalencia, que corresponde a otro diseño y cuyos objetivos son distintos al de los que aplicamos cuando desarrollamos el diseño de los casos y controles.

Un estudio apoyado en el objetivo comparativo tiene el esquema de los tres objetivos mencionados: el primero, describir al grupo 1; el segundo, describir al grupo 2, y el tercero, comparar al grupo 1 y grupo 2. Este esquema debe poderse observar en todos los estudios que estén apoyados en el objetivo comparativo, porque se trata del modelo matemático 2, una variable fija y una variable aleatoria.

Veamos cómo serían los objetivos en el caso de que el objetivo estadístico fuera asociar, recuerda que corresponde al modelo matemático 3, las dos variables aleatorias. Si las dos variables tienen una distribución que no conocemos hasta el momento de la recolección de los datos, entonces, en el protocolo o proyecto de investigación tendremos que mencionarlas de la siguiente manera:

—Primero: Describir la distribución de la característica o variable número 1.

—Segundo: Describir la distribución de la característica o variable número 2.

—Tercero: Asociar la característica 1 con la característica 2.

Notemos, en este caso, que los dos primeros objetivos llamados auxiliares u operativos tampoco son inferenciales, porque la intención de la investigación no es describir ambas características que vamos a asociar, sino demostrar o descartar la asociación que el investigador plantea para su estudio. Por esta razón, decimos que todo trabajo de investigación tiene solamente un objetivo inferencial y este objetivo debe ser concordante con el propósito de la investigación, debe ser posible de deducir a partir del propósito llamado también "especificidad del estudio", que se encuentra explícitamente escrito en el enunciado del estudio.

Adicionalmente a este esquema de objetivos se le pueden añadir objetivos auxiliares o adicionales, por ejemplo:

—Describir las características de la población: Esto es muy común de encontrar en los estudios descriptivos donde el objetivo de la investigación, que debe guardar relación con el propósito del estudio, puede ser de la siguiente manera: Determinar la prevalencia de diabetes en la población o, siendo más apropiados, estimar la prevalencia de diabetes en la población. Si suponemos que esta prevalencia es del 10%, no podemos concluir en nuestro estudio únicamente con ese resultado, sino que, además, tendremos que describir qué característica tenía nuestra población y sugerir hipótesis para el siguiente nivel investigativo.

Suponiendo que   esta prevalencia está muy elevada o está muy disminuida respecto de otras poblaciones, ¿qué situaciones podrían explicar esta circunstancia? ¿Qué características de la población debemos identificar para poder plantear hipótesis que deban ser desarrolladas en el siguiente nivel investigativo?

En todo trabajo de investigación también deberemos plantear la descripción de las características de la población sobre la cual se realizó el trabajo de investigación.

Quinto criterio

La hipótesis del investigador

No se puede considerar más valioso un estudio por tener hipótesis y menos valioso a otro estudio por no tenerla, porque no todos los estudios deben llevar una hipótesis, sino solamente aquellos que plantean demostrar una determinada proposición.

En este punto debemos tener la certeza de saber qué estudios llevan hipótesis y qué estudios no la llevan, de tal modo que podamos ser exigentes en la formulación de la hipótesis solamente para aquellos que sí lo requieran e ignorar por completo este criterio en los casos en los que los estudios no deban contar con ella. Veamos la forma de diferenciar qué estudios llevan hipótesis y qué estudios no la llevan.

Las hipótesis son proposiciones del investigador. Una proposición es un enunciado al que le podemos asignar un valor de verdad. Los valores de verdad son verdadero y falso. De tal modo que cuando el enunciado de la investigación no se puede calificar como verdadero o falso quiere decir que no se trata de una proposición; por lo tanto, el estudio no llevará hipótesis.

Noten ustedes que la presencia o ausencia de hipótesis no está relacionada con los niveles de la investigación, ni tampoco con los tipos de investigación, sino con el enunciado.

Veamos un ejemplo: si el enunciado del estudio es "Prevalencia de diabetes en la ciudad de Arequipa". Esto no puede ser catalogado con los valores de verdadero o falso; por lo tanto, no es una proposición y esa es la razón por la que el estudio no lleva hipótesis.

Veamos un segundo ejemplo: "Influencia del clima organizacional sobre la percepción de la calidad de los pacientes". Es posible que el clima organizacional influya sobre la percepción de la calidad, pero también es posible que no exista esta influencia, entonces, el enunciado puede ser calificado como verdadero o falso; se trata de una proposición, por lo tanto, el estudio llevará hipótesis. Esto independiente del nivel investigativo o del tipo de investigación, la presencia de hipótesis está relacionada con el enunciado de la investigación, por eso es tan importante que el enunciado este adecuadamente formulado, correctamente escrito.

Ahora tenemos que diferenciar dos clases de hipótesis según los niveles de la investigación, porque clásicamente las hipótesis se encuentran en el nivel relacional y explicativo, también es posible encontrar hipótesis en otros niveles de la investigación pero básicamente se encuentra en estos dos. La diferencia entre una hipótesis de nivel relacional y una hipótesis de nivel explicativo es el fundamento.

Las hipótesis relacionales son empíricas, por ende no requieren fundamento; mientras que las hipótesis explicativas son racionales y requieren apoyarse en los antecedentes investigativos, necesitan teoría previa para poder fundamentarse. Hay que tener en cuenta que en el nivel explicativo se encuentran los experimentos y para poder intervenir sobre un grupo de individuos hay que tener teorías serías para poder llevar a cabo esta intervención, no podemos hacer intervenciones solo porque se nos ocurre.

Esto sí se puede hacer en un nivel relacional porque el origen de las hipótesis es empírico, es decir, que nace de la experiencia del investigador. Pero la experiencia de cada quien es subjetiva, y lo que le parece a un investigador puede no parecerle a un segundo investigador; sin embargo, igual pueden llevarse a cabo porque se trata de estudios observacionales y no se está exponiendo a ningún riesgo a las unidades de estudio, a los pacientes, a las personas, a los usuarios o a los clientes.

No hay ningún problema en realizar análisis estadístico sobre datos que ya han sido recogidos, porque no se van a hacer mediciones cuando se trata de datos retrospectivos; incluso si se trata de datos prospectivos, se realizan mediciones pero sin intervención por parte del investigador. Por lo tanto, no se está exponiendo innecesariamente a un riesgo a un grupo de personas o individuos.

Aunque se acostumbra colocar en el proyecto de investigación solamente la formulación gramatical de la hipótesis, es necesario y preciso que también realicemos una formulación matemática, es decir, que podamos evidenciar la hipótesis nula y la hipótesis alterna como parte del método investigativo.

Para poder trasladar la estructura gramatical y lógica que tiene la hipótesis, solamente debemos escribir el enunciado de la investigación y asignarle el valor de verdad de verdadero, esto corresponde a la hipótesis alterna. Lo contrario será la hipótesis nula. Ya tenemos el sistema de hipótesis con el que debemos trabajar en nuestro ritual de la significancia estadística.

La formulación matemática de la hipótesis está relacionada íntimamente con el objetivo estadístico. Así, si el objetivo estadístico es comparar, la hipótesis alterna dirá que existen diferencias entre los grupos comparados. Si el objetivo estadístico es asociar, la hipótesis alterna dirá que existe asociación entre las variables analizadas o entre las categorías en estudio.

Si el objetivo estadístico es concordar, la hipótesis alterna dirá que existe tal concordancia entre las dos evaluaciones. Si el objetivo estadístico es correlacionar entonces la hipótesis alterna dirá que existe tal correlación entre las unidades de las dos variables a correlacionar.

Por esta razón, a la hipótesis alterna se le conoce con el nombre de hipótesis del investigador, porque corresponde a la proposición preliminar del investigador que es lo que desea probar. En el sistema de hipótesis se trabaja con la hipótesis nula; por supuesto, la intención del investigador es rechazar la hipótesis nula para quedarse con la hipótesis alterna, que es su proposición preliminar.

Ahora ya podemos saber exactamente cuál es el procedimiento específico de acuerdo al planteamiento de la hipótesis, porque si la hipótesis alterna nos dice que existen diferencias entre los grupos y la variable aleatoria es categórica, aplicaremos un chi cuadrado de homogeneidad; pero si la variable aleatoria es numérica, tendremos que usar una *t de Student* para muestras independientes.

Si el objetivo estadístico es asociar, la prueba estadística será el chi cuadrado de independencia en el caso de que las variables aleatorias sean categóricas; pero si las variables analizadas son numéricas, aplicaremos la correlación de Pearson. Como vemos existe una analogía muy importante entre el análisis de los datos categóricos y el de los datos numéricos.

Estamos ya *ad portas* de realizar el análisis estadístico luego de haber planteado adecuadamente la hipótesis.

Si el objetivo estadístico es concordar, estamos trabajando con datos categóricos, porque si se tratase de datos numéricos, el objetivo estadístico sería correlacionar como valor predictivo. Correlacionar es la analogía de la concordancia para el caso en que trabajemos con datos numéricos.

Este es el verdadero papel de la hipótesis: guiar el análisis estadístico como complemento del método investigativo que estamos desarrollando para llegar a conclusiones válidas.

Sexto criterio

Población y muestra

Es muy importante identificar desde un primer momento a nuestra población y esto se hace desde el enunciado del estudio. Hay que diferenciar el enunciado de la investigación que corresponde a un estudio descriptivo del enunciado que corresponde a un estudio analítico, porque en los estudios descriptivos la ubicación temporal y espacial corresponde a la delimitación de la población en términos de geografía y tiempo, por ejemplo:

Prevalencia de diabetes en la región Arequipa. Esta es una población bastante grande y es muy distinto a decir: "Prevalencia de diabetes en la ciudad de Arequipa, esto ya es un grupo más pequeño. Por tanto, identificar en el enunciado región Arequipa de ciudad de Arequipa me está delimitando la población. Por supuesto, los resultados que encuentre serán inferenciables solamente sobre la población que hemos identificado previamente en el enunciado del estudio.

Lo mismo ocurre con la ubicación temporal, porque puedo estudiar todo el año 2012 o simplemente los tres primeros meses. Si hago una reducción temporal del espacio en el que tengo que recolectar mi información, las conclusiones serán inferenciables solamente sobre ese espacio. Por eso, cuando hablamos de un estudio descriptivo, el espacio y tiempo corresponden a la delimitación espacial y delimitación temporal, mientras que cuando se trata de un estudio analítico hablamos de ámbito de recolección de datos. Vamos a poner el siguiente ejemplo: Influencia de la actividad física controlada sobre los niveles de colesterol en personas mayores de 35 años.

Vamos a suponer que este efecto es positivo que se puede reducir los niveles de colesterol mediante la actividad física controlada; incluso si el estudio se ha realizado en la ciudad de Arequipa, los resultados son válidos también para la región Arequipa y también para la ciudad de Lima, de Madrid, de Santiago, de México y de Buenos Aires.

Es que la relación entre la actividad física y los niveles de colesterol es independiente de la geografía y del tiempo, porque si el efecto positivo encontrado se observa en 1980, se observa también en el 2012, y se seguirá observando en 2020.

Por eso en el enunciado, cuando hablamos de lugar y tiempo para los estudios analíticos hablamos de "ámbito de recolección de datos" y no de población, porque los resultados que encontramos son inferenciables no solamente sobre el grupo estudiado y no solamente hacia la población de donde se extrajo el grupo estudiado, sino a toda la población estudiada; por esta razón, es que el concepto de población existe solamente en los estudios descriptivos y los estudios exploratorios, que corresponden a la investigación cualitativa; mientras que el concepto de ámbito de recolección de datos es el que aparece para los estudios analíticos, porque en realidad la población es toda la población humana, los seis mil millones de habitantes que hay en este planeta.

Imagina que un determinado laboratorio inventara un principio activo para disminuir los niveles de la presión arterial en personas hipertensas y que esto funcionara solamente en el grupo poblacional donde ellos lo han probado. Esto sería insulso, de hecho, esperamos que el efecto antihipertensivo de este medicamento funcione en cualquier individuo, en cualquier persona que tenga este padecimiento de la hipertensión. Por eso, la población sobre la cual se hace la inferencia son todos los seres humanos, aun cuando el estudio inicial se realizó con una fracción a la que se denomina ámbito de recolección de datos.

Así, en todos los estudios analíticos la población, en realidad, viene a ser la población de todos los seres humanos, por supuesto, con una determinada característica como mayor de 35 años o población lactante o población de gestantes, etc.

Una vez identificado el concepto de población, vamos a decir que el interés del investigador siempre es evaluar a toda la población, lo que sucede es que en la mayoría de los casos no puede hacerlo y tendrá que recurrir solamente a una fracción, a una muestra; pero solamente existen tres situaciones en las que se debe aplicar el procedimiento de muestreo.

El primero es cuando la población es desconocida. Imagina que quieres hacer un estudio sobre un grupo de mujeres trabajadoras sexuales como por ejemplo, el nivel de conocimiento que tienen sobre el VIH y otras enfermedades de transmisión sexual. No existe una forma de identificar a las personas con esta característica, no hay un listado donde tengamos los datos de todas las personas que se dedican a esta actividad; por eso la población es desconocida y se tendrá que realizar un muestreo.

El segundo caso es cuando la población es inaccesible. Imagina que quieres evaluar el valor de la hemoglobina de una persona que tiene 5 litros de sangre, 5 centímetros cúbicos de muestra serán suficientes para conocer el valor de la hemoglobina; de hecho, obtener los 5 litros de esta persona será incompatible con la vida, no es posible acceder a toda su población.

El tercer caso es cuando la población es inalcanzable, como cuando queremos hacer los estudios de prevalencia y tenemos que estudiar a todo el millón de habitantes que conforman toda una ciudad. Incluso si dispusiéramos de los recursos necesarios es contraproducente realizar mediciones sobre toda la población; por eso se considera población inalcanzable.

Es en estas tres situaciones que debemos aplicar el procedimiento de muestreo, realizar el cálculo del tamaño de la muestra y complementariamente seleccionar una técnica de muestreo para asegurarnos de que la muestra que hemos obtenido es inferencial, que los resultados que encontremos en esta muestra se puedan trasladar hacia la población.

El cálculo del tamaño de la muestra está relacionado con el objetivo estadístico, con la naturaleza de las variables y con la forma de identificar a la población, porque se puede hacer muestreos o cálculos del tamaño de la muestra para poblaciones con marco muestral conocido y también con marco muestral desconocido, esa es la forma de seleccionar el algoritmo que necesitamos para realizar el cálculo del tamaño de la muestra.

Luego de encontrar el número de elementos que tendremos que incluir al estudio, tendremos que complementar este procedimiento con la técnica de muestreo. Existen dos grupos de técnicas de muestreo: las técnicas de muestreo probabilístico y las técnicas de muestreo no probabilístico.

Es ideal que siempre utilicemos las técnicas de muestreo probabilístico, pero en ocasiones no podremos acceder a esta forma de muestreo por la situación en que se nos presentan las unidades de estudio, es decir, que no hacemos un muestreo deliberado o un muestreo por conveniencia simplemente porque este nos resulte más sencillo de ejecutar, no es la forma de elegir entre una técnica de muestreo u otra, lo ideal es siempre realizar una técnica de muestreo probabilístico

Incluso al interior de las técnicas de muestreo probabilístico tenemos diferentes niveles de aleatorización, el muestreo ideal y, por excelencia, es el muestreo aleatorio simple, aunque como su nombre lo indica, es la forma más simple de seleccionar a las unidades muestrales o unidades de estudio, es el más difícil de alcanzar; por eso existen alternativas a este tipo de muestreo.

Un muestreo con menos ventajas que el muestreo aleatorio simple es el muestreo sistemático, y siguiendo en esa secuencia tenemos al muestreo aleatorio estratificado y más abajo tenemos al muestreo por conglomerados que bien podría llamarse el menos probabilístico de todos estos muestreos y solamente en los casos en los que no se puede aplicar un muestreo probabilístico tendremos que echar mano de los muestreos no probabilísticos, donde también podemos identificar diferentes grados de aleatorización, es decir, que no todos tienen el mismo grado de sesgo al momento de seleccionar las unidades de estudio.

Séptimo criterio

Técnicas de recolección de datos

Es muy importante identificar a las técnicas de recolección de datos en un cuadro muy similar al que habíamos construido para la operacionalización de variables, es que a partir de estas técnicas determinaremos que parte de la información la tomaremos de registros previos y que parte necesitará que realicemos nuestras propias mediciones.

Existen dos técnicas de recolección de datos: retrospectiva y prospectiva, recuerda que el suministro de la información no necesariamente viene de manera directa a partir de las unidades de estudio, sino que en algunos casos proviene a partir de las unidades de información. Es importante identificar esta principal diferencia, porque la unidad de estudio es el sujeto o conjunto de sujetos que nos interesa investigar, mientras que la unidad de información puede ser un sujeto o un objeto que nos suministre la información o el dato desde la unidad de estudio.

Veamos un ejemplo: una historia clínica es una unidad de información, mientras que el paciente al que pertenece la historia clínica es la unidad de estudio. Si en la unidad de información llamada historia clínica, que puede ser un documento físico o digital, encontramos que el paciente tiene hipertensión y cefalea, no es la historia clínica la que tiene hipertensión y cefalea sino el paciente; la historia clínica no es más que un almacén temporal de la información hasta que el investigador se apersona y recoge estos datos para su propio análisis.

La primera técnica de recolección de datos es la documentación y como es lógico corresponde a todos los estudios retrospectivos porque la información ya está consignada en los registros ya sea físicos o digitales y el investigador lo único que hace es ir a recabar esta información.

No está haciendo verdaderas mediciones y, por ello, no requiere de instrumentos, lógicamente no tendrá que realizar la validación de instrumentos ni ningún otro procedimiento relacionado a los instrumentos que se requieran para hacer mediciones porque no se realizan mediciones; no todas las investigaciones se ejecutan con datos primarios planificados por el propio investigador.

La documentación es una técnica de recolección de datos y no es un tipo de estudio como algunos suelen llamarlo. No existe el estudio documental, lo que existe es el estudio con una técnica de recolección de datos llamada documentación, porque en un determinado estudio se puede aplicar más de una técnica de recolección de datos, incluso podríamos aplicar cinco técnicas de recolección de datos dependiendo del número de variables y de la necesidad que tengamos de hacer mediciones o la recolección de información a partir de las unidades de estudio.

Es posible que podamos agotar toda la recolección solamente con una técnica o que necesitemos más de una para lograr completar los datos que necesitamos. Podríamos dividir, a grandes rasgos, a las técnicas de recolección de datos en comunicativas y no comunicativas o comunicacionales como dicen otros. La documentación y la observación son dos técnicas no comunicacionales, mientras que la entrevista, la encuesta y la psicometría son técnicas de recolección de datos comunicacionales, porque se requiere la participación, de la reacción del individuo para poder obtener el dato o la información.

La técnica de la observación engloba a todas las mediciones de las magnitudes físicas; si el investigador quiere hacer mediciones con instrumentos mecánicos es en la técnica de la observación donde aplica toda su metodología; si la observación apunta a evaluar magnitudes físicas del individuo, el investigador va a requerir de instrumentos mecánicos. Pero si el investigador no utiliza ninguno de estos instrumentos mecánicos y observa el comportamiento de las personas, se trata de investigación cualitativa.

También tenemos a las técnicas de recolección de datos comunicacionales como la entrevista, donde el instrumento es el mismo investigador porque no existe un documento, no existe un archivo físico ni digital que sirva para medir a los evaluados, sino que es el propio entrevistador, el propio investigador, quien realiza las mediciones, como cuando un médico le realiza un diagnóstico a un paciente a través de la entrevista denominada anamnesis y llega a una conclusión, incluso podría probar una hipótesis de que el paciente tenga o no tenga una determinada enfermedad.

Pero la entrevista es poco práctica cuando se pretende evaluar a un conjunto más numeroso de individuos y sobre todo si queremos ahorrar recursos como, por ejemplo, el tiempo de evaluación y se tenga que prescindir del investigador como evaluador para un determinado grupo. En ese caso tendremos que construir un instrumento y aplicar la técnica de recolección de datos denominada encuesta. Es importante remarcar que la encuesta no es un tipo de estudio, la encuesta es una técnica de recolección de datos que se puede aplicar en los diferentes tipos de estudio, en los diferentes niveles de la investigación.

La encuesta no es más que una técnica de recolección de datos y, como lo habíamos dicho anteriormente, se puede aplicar de manera conjunta y combinada con otras técnicas de recolección de datos, consiste en la aplicación de un instrumento sobre un grupo de individuos.

La ventaja de la encuesta es que no se requiere que el investigador sea el interlocutor con la persona evaluada. Las encuestas de preferencias políticas, por ejemplo, no traen consigo al evaluador, a la persona que creó el instrumento, de puerta en puerta o de casa en casa. Esto no se requiere, porque el instrumento, el documento, ya sea un cuestionario, una escala o un inventario, es autónomo y es capaz de provocar las reacciones que el mismo investigador provocaría sobre las unidades de estudio.

La encuesta tiene una deficiencia y es que debe ser calificada por el investigador o por el creador del instrumento. Esto se supera cuando aplicamos la técnica de la psicometría, donde en ningún caso se requiere la participación de la persona que creó el instrumento porque existe una forma automática de calificar los resultados que se obtienen a partir de la aplicación del instrumento mediante la técnica denominada psicometría.

Por supuesto, para poder aplicar esta técnica se requiere que los instrumentos hayan pasado por los diferentes niveles de validación, por todas las propiedades métricas con las que debe contar un determinado instrumento.

Es posible que en un mismo trabajo de investigación se puedan identificar dos o más técnicas de recolección de datos y, por ello, es importante que lo podamos presentar en un cuadro o en una tabla donde se puede identificar qué técnicas de recolección de datos se están utilizando para recolectar la información de cada una de las variables.

También es posible que algunas variables sean recolectadas de forma retrospectiva mediante la documentación y otras mediante métodos prospectivos, es decir, hacer las propias mediciones como en la técnica de la observación o hacer las propias evaluaciones de las características subjetivas de los sujetos mediante técnicas como la entrevista, la encuesta o la psicometría.

No hay que confundir a las técnicas de recolección de datos con las estrategias de recolección de datos. Podemos hacer una entrevista domiciliaria, pero lo domiciliario no es más que una estrategia; podemos hacer esta entrevista también en el hospital; podemos hacer también una encuesta anónima o registrar el nombre del evaluado, pero lo anónimo no es más que la estrategia de recolección de datos; podemos hacer encuestas por teléfono, pero esto no es más que una estrategia y no hay que confundir las estrategias con las técnicas de recolección de datos. ˙

Octavo criterio

Instrumentos de medición

Siempre que queremos calificar un trabajo de investigación, queremos asegurarnos de que este cuente con todos los elementos posibles que aparecen en el esquema o reglamento de tesis de determinada universidad, pero este es un error porque no todos los estudios deben cumplir o completar estos requisitos. Un ejemplo claro es el de los instrumentos de medición: existen estudios con instrumentos y existen estudios sin instrumentos. Aquellos que no lo requieren son los estudios retrospectivos, que utilizan como única técnica de recolección de datos a la documentación.

Si la información o los datos están registrados en archivos ya sean físicos o digitales, entonces, no se requiere hacer mediciones, las mediciones no las hace el investigador, ya las realizó otra persona, las realizó probablemente otro investigador, pero el investigador no tiene en este caso control sobre el sesgo de medición y, por supuesto, los estudios retrospectivos tienen una deficiencia respecto de los estudios prospectivos.

Pero nuevamente no se escoge un estudio retrospectivo sobre uno prospectivo porque sea más fácil de hacer, el estudio que siempre debemos hacer es el estudio prospectivo, pero existen muchas situaciones en las que no se puede aplicar este tipo de método. Por ejemplo, cuando queremos evaluar la tasa de mortalidad global en una población no podemos hacer un seguimiento a todos los individuos para ver en que momento fallecen, esto es totalmente impráctico e impensable; por eso la tasa de mortalidad global se calcula en función al número de individuos fallecidos el año anterior dividiéndolos entre el total de la población expuesta, esto es un dato retrospectivo porque la información la hemos ido a obtener de registros elaborados por otro investigador o profesional pero utilizables en un trabajo de investigación.

En ese caso, hemos utilizado la única técnica de recolección de datos denominada documentación y como no hemos realizado mediciones no necesitamos instrumentos de medición; por lo tanto, en el acápite correspondiente del proyecto, no es necesario que aparezca el capítulo o la sección correspondiente a los instrumentos de medición, en ese caso no tendremos que desmerecer al trabajo porque no tenga instrumentos, porque se corresponde con su propio método y no podremos descontarle la puntuación correspondiente que deba asignarle por este ítem.

Sin embargo, existen estudios en los que sí se requiere la aparición de estos instrumentos de medición. Para ello hay que recordar que existen dos tipos de variables: las objetivas y las subjetivas. Las variables objetivas se evalúan mediante instrumentos mecánicos; el peso, la talla o la temperatura, son variables objetivas porque para medirlas se requiere de una balanza, de un tallímetro y de un tensiómetro, respectivamente.

Pero también tenemos a las variables subjetivas, que son propiedades subyacentes, características que se supone poseen las unidades de estudio como la inteligencia, la depresión o la calidad de la atención. No hay una forma de medir estas características de manera directa, no existe un aparato que nos permita decir cuán depresiva está una persona o de cuánta calidad estamos hablando cuando evaluamos un determinado servicio; por ello, tendremos que recurrir a los instrumentos documentales.

Tendremos que identificar a los instrumentos, si se trata de los mecánicos, incluso con el año y marca de fabricación, y a los instrumentos documentales con el autor del instrumento y fecha de publicación en una determinada revista.

No hay que confundir a los instrumentos de medición, con los materiales de verificación. Por ejemplo, cuando tomamos la frecuencia cardiaca, utilizamos un cronómetro y un estetoscopio, colocamos la campana del estetoscopio en la región precordial del paciente y enseguida comenzamos a contar cuántos latidos se producen durante un minuto, y con esto ya conocemos la frecuencia cardiaca   o el valor de la frecuencia cardiaca.

El instrumento es el cronómetro y el estetoscopio no es más que un material de verificación, de hecho, podíamos haber contado el número de latidos que se produce dentro un minuto, apegando nuestro pabellón auricular a la región precordial del paciente, por supuesto, esto va contra las normas de bioseguridad y no se debe hacer; por lo tanto, se requiere de un material que nos permita la verificación del valor de la frecuencia cardiaca que un primer investigador haya podido calcular, por eso al estetoscopio se le denomina material de verificación.

Si queremos evaluar las lesiones pre malignas que se encuentran en el cuello uterino de una mujer, podemos utilizar el colposcopio, pero este no nos permite realizar una medición, simplemente nos permite magnificar las imágenes que a simple vista también podríamos identificar, por ello, el colposcopio es un material de verificación, porque no realiza ninguna medición.

Los instrumentos se caracterizan por arrojar valores de medición, por entregarnos valores finales que corresponden a las variables que habíamos identificado en nuestro cuadro de operacionalización de variables. Para que un instrumento sea considerado como tal tiene que arrojar valores de medición, una historia clínica no puede ser considerada instrumento de medición, ya dijimos que se trata de una unidad de información porque en ella encontramos todos los datos necesarios para completar los objetivos de nuestro estudio, pero no es la historia clínica quien presenta la cefalea, la hipertensión o la fiebre, sino el paciente y la información acerca del paciente ha sido registrada en la historia clínica; por lo tanto, el investigador que toma estos datos a partir de un archivo denominado historia clínica no está realizando mediciones, la historia clínica no puede ser considerada instrumento de medición.

Los instrumentos de medición pueden dividirse en:
- Mecánicos: Aquellos que apuntan a evaluar variables objetivas.
- Documentales: Aquellos que están designados para la medición de variables subjetivas.

Los instrumentos documentales son básicamente tres: los cuestionarios, las escalas y los inventarios, destinados a la evaluación de variables cuyo valor final corresponde a las variables categóricas; por ejemplo, los cuestionarios suelen evaluar capacidades cognitivas de las personas. Un examen es un cuestionario y su resultado es que el alumno salga aprobado o desaprobado, eso es una variable categórica dicotómica.

Una escala, en cambio, tiene sus resultados o valores finales ordenados y corresponden a una variable categórica ordinal. Son muy conocidas las escalas para medir actitudes, para medir el nivel de depresión en las personas; de hecho, la escala de Likert es la más difundida entre todas, es una estrategia para construir escalas y se ha utilizado en los diferentes campos de conocimiento.

Por otro lado, tenemos a los inventarios, cuyo valor final de medición es una variable categórica politómica, como ejemplo tenemos al inventario de las inteligencias múltiples. En este sentido, el resultado final de la evaluación nunca es positivo, ni negativo, ni uno es mayor o menor que el otro, las inteligencias numéricas, naturalistas, lingüísticas, musicales, etc., son diferentes versiones de la inteligencia y no se considera que una de estas sea mejor que la otra, simplemente son diferentes y un inventario nos ayuda a discernir en cuál de estos grupos nos encontraríamos las personas que fuésemos evaluadas por este inventario.

Por supuesto, si este instrumento ha sido construido por el investigador, tendrá que tener un acápite correspondiente para el proceso de creación y validación del instrumento.

Noveno criterio

El control de las mediciones

Para poder asegurar que las conclusiones a las que hemos llegado con el análisis de la información sean válidas, debemos evitar dos tipos de errores: el error aleatorio y el error sistemático. Aunque no existe un capítulo específico del protocolo de investigación o del informe final de tesis, debemos recorrer todo el contenido del documento para poder identificar si realmente se ha hecho lo necesario para poder controlar estos dos tipos de errores.

Comencemos con el error aleatorio: cada vez que realizamos la medición de un parámetro de la población a partir de una muestra encontramos un valor distinto, por supuesto, esperamos que cada vez que realicemos una medición estos valores se encuentren lo más cercanos posibles, y los parámetros calculados a partir de muestras serán más cercanos en la medida que hayamos seleccionado adecuadamente la muestra en términos de tamaño y de técnicas de muestreo.

El error aleatorio se puede controlar a partir de una adecuada selección de la muestra, mientras más grande sea la muestra menor será el error aleatorio, pero también mientras mejor se haya hecho la elección de las unidades de estudio, menor será el error aleatorio. Podemos eliminar el error aleatorio únicamente cuando se ha hecho un estudio de toda la población, por eso lo ideal siempre es estudiar a toda la población, solo que existen tres situaciones donde no podemos acceder a la población y debemos analizar sus parámetros a partir de muestras.

Una forma de asegurarnos de que el error aleatorio está controlado, es revisando la estrategia de muestreo que se ha aplicado en el trabajo de investigación. En seguida vamos a verificar si se ha hecho lo posible por controlar el error sistemático y para ello hay que recordar que el error sistemático es la diferencia que existe entre la media de todas las mediciones y el valor real, teniendo en cuenta que el valor verdadero o el valor real no se conocen y solo pueden ser identificados cuando estudiamos a toda la población, de tal modo que necesitamos que se cumplan dos condiciones: que las mediciones a partir de los grupos sean lo más cercanas posibles y que la media de todas las mediciones esté lo más cercana al valor real.

El primer concepto tiene que ver con la precisión. Si los valores del parámetro estimado a partir de diferentes muestras son cercanos, se habla de precisión. Pero esto es insuficiente, además, el valor medio de todas estas mediciones debe acercarse al valor real, si esto es así, hablamos de exactitud, pero para poder hablar de exactitud debe cumplirse el requisito anterior, el requisito de la precisión.

Reducir el error sistemático se logra mediante el control del método, específicamente controlando los sesgos de selección y de medición y como ya habrás podido deducir el error sistemático no se puede eliminar, se puede controlar y se puede reducir si es que hacemos una adecuada selección y medición a partir de la propia planificación del investigador. Quiere decir que esto se podrá ejecutar únicamente en los estudios prospectivos, porque en los estudios retrospectivos las mediciones ya están ejecutadas, ya están realizadas y no hay forma de verificar la exactitud de sus mediciones.

Para poder trasladar las conclusiones que objetemos a partir de la muestra, la muestra que obtenemos debe ser representativa en tamaño y en técnica de muestreo, solo en esos casos podemos decir que los resultados encontrados cuentan con validez externa, con validez de inferencias y para poder asegurar la validez interna del estudio debemos tener un control desde el punto de vista metodológico y también estadístico.

El control metodológico se refiere a los métodos que tenemos que aplicar para poder asegurar que las conclusiones que vamos a encontrar en una muestra puedan corresponder a una población, y para ello se requiere en primer lugar identificar un marco muestral, este es el primer punto que debemos evaluar en una tesis para decir que tiene buen control metodológico, la identificación de un marco muestral y también la identificación de las variables intervinientes porque hay situaciones que perturban la relación entre las dos variables principales que estamos analizando.

Tiene que haber un muestreo probabilístico que idealmente dijimos, tiene que ser el muestreo aleatorio simple, aunque tenemos algunas alternativas, tiene que haber aleatorización si se trata de la comparación de grupos con intervención y, por supuesto, una prevención de las pérdidas de las unidades de estudio.

Controlar todas estas circunstancias implica el control del sesgo de selección porque podemos seleccionar equivocadamente, erróneamente a nuestras unidades de estudio y no importa de qué tamaño sea nuestra muestra nuestros resultados nunca se acercaran al valor real, al parámetro de la población.

Seguidamente para poder hacer un adecuado control metodológico se requiere, en segundo lugar, de un observador objetivo, y normalmente el investigador no es objetivo, porque cuando hace comparaciones entre un grupo de casos y un grupo de controles suele ser más acucioso con su grupo en aquel que espera encontrar con mayor frecuencia una determinada característica; en este caso, se precisa de la participación de un observador que sea diferente al investigador.

También debemos contar con un instrumento válido y optimizado para poder reducir el error de las mediciones, además debemos contar con una estrategia de recolección de datos, estrategia complementaria a la técnica de recolección y necesitamos también evaluar si este es el caso, que no estén influenciados por el proceso de la medición, que la intervención o la actividad que se realiza sobre ellos no les permita identificar o preferir un grupo sobre otro.

Si podemos hacer todo esto, podemos decir que hemos logrado controlar los sesgos de medición y, por supuesto, se puede llevar a cabo únicamente cuando realizamos verdaderas mediciones, cuando hacemos estudios prospectivos. El control metodológico se completa controlando los sesgos de selección y de medición. También debemos realizar el control estadístico como una actividad complementaria para asegurar la validez interna de nuestras conclusiones, para poder llevar los datos estimados en la muestra hacia la población, porque el objetivo del estudio siempre es la población, lo que pasa es que a veces no podemos acceder a ella y, por eso, recurrimos al estudio de una muestra.

El control estadístico, básicamente, es el análisis estadístico multivariado, dependiendo del objetivo estadístico y del propósito de la investigación plantearemos análisis estratificados que nos permitan descartar asociaciones aleatorias, casuales, espurias, si es que nos encontramos en el nivel investigativo explicativo. Elegir adecuadamente un procedimiento estadístico es también parte del control estadístico, verificar los supuestos de normalidad, homocedasticidad cuando estamos realizando pruebas estadísticas paramétricas, equivocarnos de procedimiento estadístico que debemos aplicar implica un error sistemático que nos costará la exactitud de nuestras mediciones.

Las relaciones entre variables en la naturaleza no son bivariadas, en realidad, son influenciadas por múltiples factores externos y, por eso, debemos incluir variables adicionales a nuestro análisis estadístico, variables que, por supuesto, debemos haber identificado en procesos anteriores, como en el cuadro de operacionalización de variables, y a partir de ello planteamos una estrategia analítica que nos permita reconocer la independencia de la relación respecto de otras condiciones o del entorno en el que se está produciendo esta acción.

No hay un capitulo específico ni en el protocolo ni en el informe final de la tesis, sino que debemos hacer un *check list* de todas las condiciones señaladas en este punto para saber si la tesis que estamos evaluando es de calidad.

Décimo criterio

El análisis de la información

No basta con tener mediciones precisas y exactas que provienen de la aplicación de instrumentos válidos y confiables recolectados mediante técnicas de recolección de datos apropiadas sobre poblaciones o muestras elegidas de manera probabilística y que sean consideradas representativas.

Por supuesto que no basta con completar los procedimientos anteriores, ahora debemos realizar un adecuado análisis de la información y no me estoy refiriendo únicamente a elegir adecuadamente una prueba estadística, esto ya es un tema bastante específico y, de hecho, vamos a partir de que el proceso analítico, el proceso estadístico, se ha llevado acabo con adecuada elección, existen condiciones metodológicas que deben acompañar al proceso analítico.

Por ejemplo si estamos desarrollando un estudio en el que se busca demostrar la relación causa-efecto, además del análisis estadístico, debemos completar otros criterios de causalidad sin los cuales no podemos concluir acerca de la relación de causa - efecto que pretendemos demostrar en este estudio, esto es más sencillo de completar en estudios descriptivos o relacionales, pero ya cuando vamos avanzando en los niveles de la investigación se requiere un soporte metodológico suficiente para poder argumentar la conclusión que hemos podido hallar a través del análisis de nuestros datos.

Por ejemplo, para demostrar relación de causalidad debemos lograr identificar los criterios de causalidad de Bradford Hill como la asociación estadística, requisito básico e indispensable, la relación dosis - respuesta implica que mientras más intensa sea la causa, más intenso debe ser el efecto.

La secuencia temporal nos indica que la causa debe estar presente siempre antes que el efecto que pretendemos demostrar. El razonamiento por analogía que utiliza las teorías previas relacionadas a nuestra línea de investigación para poder argumentar la relación causa y efecto que estamos planteando.

La especificidad, que implica plantear en un estudio solamente un factor causal. La experimentación es la prueba más sólida de causalidad y , además, reúne en una sola intervención todos los elementos situados anteriormente, todos los criterios de causalidad que hemos mencionado. La consistencia, que implica que los resultados que se obtienen a partir de diferentes investigadores que utilizan el mismo método deben ser también semejantes.

La plausibilidad biológica, que nos exige que tengamos que argumentar algún mecanismo de acción mediante el cual la causa está produciendo el efecto y, finalmente, la coherencia, en la que el desarrollo natural de los eventos debe indicarnos el origen de estos mismos y que estas consecuencias deban ser posibles de deducir a partir de las causas que ya se conocen hasta este momento.

Como vemos ninguno de estos puntos tienen un capítulo específico dentro del protocolo o del informe de la investigación, sino que nuevamente debemos hacer un *check list* si están expresamente escritos en alguna parte del proyecto o el informe final según el esquema o reglamento que se utilice para cada institución.

Finalmente, debemos revisar la discusión de los resultados, que clásicamente cuenta con la descripción, el análisis, la interpretación y los comentarios. Veamos:

La descripción no es más que la presentación de los propios resultados, de hecho estos se pueden presentar en forma de texto, de gráficas o en tablas y deben estar seguidos del análisis mediante el cual surge el razonamiento por el cual se plantea la hipótesis y se desarrolla el ritual de la significancia estadística para llegar a una conclusión solamente a partir de los datos. Más adelante, en la interpretación, utilizaremos la conclusión del ritual de la significancia estadística para traducir en los términos del propósito de la investigación la conclusión a la que estamos llegando.

La interpretación es una traducción desde el punto de vista estadístico hacia el punto de vista metodológico y es la respuesta al propósito de estudio o a la especificidad el hecho específico que deseamos conocer.

En un inicio dijimos que el propósito de la investigación respondía a la necesidad específica de querer conocer algo. ¿Qué es lo que deseas saber? ¿Qué es lo que buscas demostrar? Pues bien, la interpretación da respuesta a este propósito y decimos si hemos encontrado o no lo que habíamos planeado inicialmente, o si hemos llegado a conocer la proposición que habíamos escrito en el enunciado.

La interpretación no debe estar relacionada solamente al análisis estadístico sino que hay que considerar también la relevancia clínica y el contexto teórico de la investigación, teniendo en cuenta que las relaciones entre variables en la naturaleza son infinitas o que las variables que produce un determinado objeto son incontables, es posible que por alguna razón hayamos identificado a las variables menos importantes y que los resultados no son concordantes con nuestra experiencia profesional o clínica; tendremos que revisar de nuevo nuestro método y volver a plantear nuestro tema de investigación para redirigir la línea de investigación hacia otro punto en que nos pueda conducir al nivel investigativo superior y, por ello, es que tenemos que considerar la relevancia clínica porque estamos explorando el camino, estamos abriendo paso a un nuevo conocimiento en el que se supone estamos inmersos dentro de una línea de investigación.

Adicionalmente a la discusión debemos añadir los comentarios y estos son de tres tipos. Lo primero que debemos hacer es comparar nuestros antecedentes investigativos con nuestros propios resultados, pero no es un sentido estadístico sino más bien desde el punto de vista exploratorio para poder interpretar las diferencias y que estas nos puedan sugerir nuevas hipótesis que guíen nuestra línea de investigación; por supuesto, esa es la siguiente parte de los comentarios, plantear nuevas hipótesis que nos guíen en el siguiente nivel investigativo siempre que la hipótesis que hayamos planteado, siempre que esta exista y haya sido probada o haya sido desarrollada eficazmente.

En el caso que hayamos tenido una hipótesis y esta no fue probada, no podemos avanzar al siguiente nivel investigativo, tenemos que buscar una ruta colateral dentro del mismo nivel que nos permita avanzar en esta línea de investigación.

Los comentarios deben ser complementados con los comentarios personales, esta parte puede ser realizada solamente por el autor del estudio porque le impregna su propia experiencia a los resultados y a las conclusiones de la investigación. Aunque este razonamiento no va a modificar de ninguna manera la conclusión o los resultados del estudio sí pueden guiar las hipótesis que se van a plantear para el siguiente nivel investigativo.

Por ello, mientras más experiencia tenga el investigador dentro de esta línea, mayor será el número de planteamientos que realice para seguir avanzando en su propia línea de investigación. Hay que tener en cuenta que el investigador debe ser considerado un experto al cuadrado dentro de su línea de investigación, aunque esto no sea tan aplicable para un tesista, porque recién está comenzando en un grupo investigativo probablemente científico, por lo tanto, será suficiente que tenga bien definida cuál será su línea de investigación.

ACERCA DEL AUTOR

El Dr. José Supo es Médico Bioestadistico, Doctor en Salud Pública, director de www.bioestadístico.com y autor del libro "Seminarios de Investigación Científica".

Programas de entrenamiento desarrollados por el autor:

1. Análisis de datos aplicado a la Investigación Científica

2. Seminarios de Investigación Para la Producción Científica

3. Validación de Instrumentos de Medición Documentales

4. Técnicas de Muestreo Probabilístico en Investigación

5. Proyecto de Investigación – Diseño de casos y controles

6. Análisis Multivariado – Diseños Experimentales

7. Análisis de Datos Categóricos y Regresiones Logísticas

8. Técnicas de análisis Predictivos y Modelos de Regresión

9. Control de Calidad: Análisis del Proceso, Resultado e Impacto

10. Minería de Datos para la Investigación Científica.

11. Entrenamiento para Tutores, Jurados y Asesores de tesis

12. Herramientas para la Redacción y Publicación Científica

MÁS SOBRE EL AUTOR

El Dr. José Supo es conferencista en métodos de investigación científica, entrenador en análisis de datos aplicado a la investigación científica y desarrolla talleres sobre los siguientes:

Libros y audiolibros publicados por el autor:

1. Cómo se hace una tesis
2. Cómo ser un tutor de tesis
3. Cómo asesorar una tesis
4. Cómo evaluar una tesis
5. El propósito de la investigación
6. Las variables analíticas
7. Cómo elegir una muestra
8. Cómo validar un instrumento
9. Cómo probar una hipótesis
10. Cómo se elige una prueba estadística
11. Validación de pruebas diagnósticas
12. Técnicas de recolección de datos

¿Quieres saber más?

www.asesoresdetesis.com